AF454869

MÉMOIRE

PRÉSENTÉ PAR

Anatole DELAGE

PROPRIÉTAIRE A RIGOUR, PRÈS BOURGANEUF (CREUSE)

pour obtenir

LA PRIME D'HONNEUR

QUI SERA DÉCERNÉE DANS LE DÉPARTEMENT DE LA CREUSE
DANS LE COURANT DE L'ANNÉE 1869

A l'occasion du Concours régional

LIMOGES

IMPRIMERIE-LIBRAIRIE DE Mme Ve H. DUCOURTIEUX
7, RUE DES ARÈNES, 7.

1869

MÉMOIRE

PRÉSENTÉ PAR

Anatole DELAGE

PROPRIÉTAIRE A RIGOUR, PRÈS BOURGANEUF (CREUSE)

pour obtenir

LA PRIME D'HONNEUR

QUI SERA DÉCERNÉE DANS LE DÉPARTEMENT DE LA CREUSE
DANS LE COURANT DE L'ANNÉE 1869

A l'occasion du Concours régional

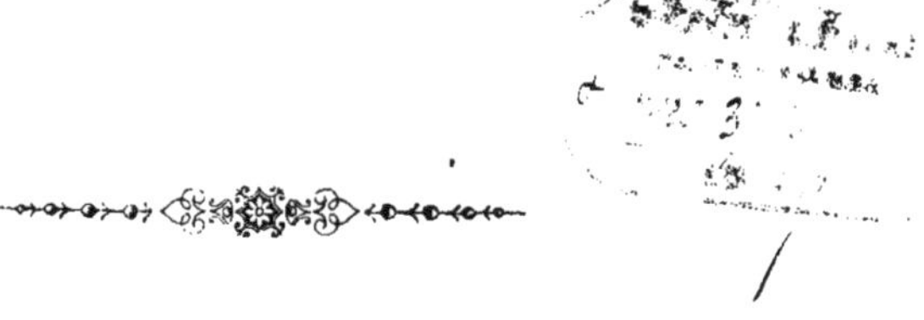

LIMOGES

IMPRIMERIE-LIBRAIRIE DE Mme Ve H. DUCOURTIEUX

7, RUE DES ARÈNES, 7,

1869

MÉMOIRE

PRÉSENTÉ PAR

Anatole DELAGE

A MESSIEURS

Les Membres de la Commission chargée d'inspecter les Propriétes qui concourent pour obtenir la PRIME D'HONNEUR qui doit être décernée à l'occasion du Concours régional du département de la Creuse, en 1869.

Conformément aux instructions ministérielles, je viens vous faire un exposé de la situation agricole de la terre de Rigour, vous retracer l'historique de son passé et vous faire suivre ses transformations successives.

En 1856 nous devinmes acquéreurs de Rigour, propriété d'une étendue de 206 hectares 61 ares 75 centiares, plus 41 hectares 57 ares 94 centiares de montagnes couvertes de bruyères.

La propriété se composait alors de deux domaines à Saint-Jean, un domaine et un moulin au Maslafille, un domaine à la Voie-Dieu, un domaine à Rigour et une maison de maître avec ses dépendances : cours, jardins, parcs, enclos, bois et avenues.

Les champs appartenant au moulin avaient une contenance de 7 hectares 5 ares 85 centiares; de sorte qu'il restait 199 hectares 35 ares 90 centiares pour les cinq domaines, ou une moyenne de 39 hectares 87 ares 18 centiares par domaine.

La propriété était exploitée depuis fort longtemps par des fermiers qui, les dernières années, payaient au propriétaire 4,075 fr. de ferme pour les cinq domaines ; soit 775 fr. pour Saint-Jean-du-Haut, 800 fr. pour Saint-Jean-du-Bas, 800 fr. pour Maslafille, 900 fr. pour la Voie-Dieu et 800 fr. pour Rigour.

D'après des baux authentiques, en date de 1853, le cheptel garnissant les étables des cinq domaines était de 14,468 fr. ; ce qui représentait par domaine douze à treize bêtes à cornes, une soixantaine de brebis et des porcs.

Il se récoltait par domaine vingt-huit à trente charretées de foin, une moyenne de quatre-vingts hectolitres de seigle et de sarrasin, des raves et des pommes de terre ; tels étaient les uniques produits de la propriété.

Partout des bâtiments couverts en chaume, des écuries basses et malsaines, des bêtes en mauvais état et des fermiers malheureux.

L'aspect général des champs et de la culture n'était pas plus brillant que celui des étables. Les semences consistaient en seigle de triste apparence : dans les terres maigres, il était faible et avait de la peine à croître ; dans les terres fortes, les plantes adventices l'envahissaient et absorbaient à ses dépens les propriétés fertilisantes qui existaient dans le sol.

Les pacages et les prairies étaient envahis de ronces et de broussailles, et ne produisaient que des joncs et de la mousse : tel était, Messieurs, l'aspect général de la propriété lorsque nous en devînmes acquéreurs.

Il y avait de grands obstacles pour amener la terre de Rigour à l'état de culture productive : il fallait vaincre les difficultés du climat, du terrain, de la routine, et enfin de la rareté des ouvriers.

Rigour est situé dans une des contrées les moins favorisées de la Creuse, sous le double rapport du climat et du sol : la température est froide et les accidents de terrain rendent la culture pénible pour l'emploi des instruments perfectionnés de l'agriculture.

La propriété se trouvait dans un centre d'émigration. Les ouvriers et les cultivateurs désertent les campagnes pour les grandes villes, et la proximité de Bourganeuf, ville industrielle, était une cause nouvelle de manque de bras, car les ouvriers préfèrent le travail de l'industrie à celui de l'agriculture.

Nous ne pûmes commencer nos travaux agricoles qu'en 1858, car nous eûmes à respecter, en 1857, des baux établis par le précédent propriétaire.

L'année 1857 fut employée à étudier et à observer les différentes compositions du sol qui devaient être exploitées. Un mûr examen nous conduisit à penser que le meilleur moyen de réussir, sans s'écarter de la voie pratique et économique, était d'adopter le système du métayage, c'est-à-dire l'association de la terre, du travail et du capital, système avantageux à divers points de vue, mais offrant des difficultés et ne pouvant donner des résultats qu'à la longue.

Nous avions affaire à des colons pauvres, ignorants, imbus de préjugés, et tenant par dessus tout à la routine qu'ils avaient pratiquée et vu pratiquer par leurs ancêtres. Les faire rompre subitement avec leurs vieilles méthodes, supprimer la charrue en bois et la remplacer par la charrue en fer, adopter les autres instruments perfectionnés de l'agriculture, établir enfin une culture nouvelle avant de les instruire et de les convaincre, aurait été imprudent. On se serait ainsi exposé à un insuccès ; car on aurait rencontré dans ces colons une résistance d'inertie invincible.

Nous pensâmes donc que le meilleur moyen d'arriver à de sérieuses améliorations était d'établir, au milieu de la propriété, une petite ferme-école, où l'on mettrait en principe et en application tous les systèmes et les procédés que nous voulions faire employer dans les domaines, afin que les colons pussent voir et juger par eux-mêmes des résultats et de l'application des principes que nous voulions leur inculquer.

Le domaine de Rigour fut choisi pour servir de réserve, afin de le cultiver avec des ouvriers et des domestiques toujours sous nos yeux et exécutant ponctuellement nos ordres.

Des montagnes, des coteaux rapides, des vallées profondes, telle est la configuration de la propriété de Rigour ; par suite de cette situation tourmentée, la composition de son sol est excessivement variée.

Les montagnes reposent sur un sol granitique recouvert d'une couche de terre de bruyère, une partie des terres est argilo-silicieuse et l'autre partie schisteuse, tout en renfermant dans la couche arable du quartz, du feld-spath et du mica.

Les pacages et les prairies reposent tantôt sur un sol tourbeux et argileux, tantôt sur un sol d'alluvion.

Nous allons un moment oublier les domaines et nous occuper particulièrement de la réserve, qui doit servir d'exemple et de modèle à tous les colons.

Le domaine de Rigour avait un peu plus d'étendue que les autres. Sa superficie était de 56 hectares 71 ares 44 centiares, et il était affermé 800 fr., ainsi que je l'ai dit plus haut. Le cheptel qui garnissait les étables s'élevait à 3,261 fr., d'après un bail de 1853.

On récoltait trente-cinq charretées de foin, quatre-vingts à cent hectolitres de seigle ou de sarrasin, des raves et des pommes de terre.

Pendant les deux premières années, nous renoncâmes presque entièrement à la culture des céréales, afin de porter tous nos soins et nos engrais à l'amélioration des prairies naturelles et à la création de nouvelles prairies.

La réserve devant être donnée en exemples aux autres domaines, nous ne voulûmes employer que des moyens ordinaires et économiques, à la portée de tous les colons ; il fallut donc renoncer à l'achat des fumiers, et il devint dès lors en principe que l'exploitation devrait se suffire sous le rapport des engrais. Nous n'avons acheté du noir et du phosphate que pour les défrichements.

Dans certains prés régnait une humidité permanente, les joncs et les plantes aquatiques s'y développaient à profusion et, au moment de l'engrangement des foins, les voitures chargées de fourrages s'enfonçaient dans le sol mouvant et détrempé. Dans toutes ces prairies, de fortes tranchées furent pratiquées en sens divers pour donner de l'écoulement à l'eau et assainir la surface. Pour les parties les plus marécageuses, on établit dans ces tranchées des conduits et des drains en mâchefer ou pierres brouillées, recouverts de fascines ; tandis que dans les parties moins humides, nous eûmes recours aux corps de drainage.

Les terres provenant des fossés furent mélangées avec des boues de route et de chemin, des cendres de houille, de la chaux et du fumier en terreau, mélange qui nous procura un excellent compost, qui fut répandu sur toutes les prairies. Sur les prairies sèches qui étaient improductives et couvertes de mousse, nous dûmes opérer d'une autre manière : au mois de février, nous fîmes passer sur le sol de ces prairies, en long et en travers, une herse armée de couteaux en fer, bien tranchants ; puis nous répandîmes sur le sol un mélange de bonnes graminées, dont la plus grande partie tomba dans les interstices pratiquées par la herse ; le tout fut fumé et arrosé en temps opportun.

3 Hectares 35 ares de terre cultivée furent convertis en prairies, après une récolte de plantes sarclées, bien travaillées et abondamment fumées. 6 Hectares 75 ares de bruyères furent également transformés en prairies après trois récoltes successives :

En premier lieu, défrichement à la charrue Dombale et ensemencement de seigle sur une fumure de noir ou de phosphate ; puis culture de plantes sarclées fortement fumées ; et enfin, ensemencement d'avoine et de bonnes graines de foin.

Un petit ruisseau coulait dans la vallée à travers quelques pacages ou mauvaises prairies. Ce ruisseau prenait naissance à l'extrémité de la propriété, dans les vallons de Sonloux, de la Rejasse et du Plassin ; nn barrage fut établi au pont de Pégut, afin de donner aux eaux une dérivation de chaque côté de la vallée. Sur la rive gauche, une conduite d'eau d'un kilomètre de long vint arroser des terres et des bruyères qui appartenaient à nos domaines de Saint-Jean.

Au moyen de cette dérivation, nous avons pu créer dans ces domaines 6 hectares de prairies en parfait rapport.

Nous avons encore 8 hectares de terre que nous destinons à mettre en prairies, toujours au moyen de la même dérivation. Les terrains à mettre en prairies sur la rive droite étaient beaucoup plus considérables que ceux de la rive gauche ; mais la conduite d'eau présentait des difficultés énormes. Il y avait à traverser deux petites vallées qui nous ont obligés à faire faire au canal de grands circuits ; de plus, la rectification de la route impériale se trouvait à peu près au niveau du canal. Nous avons mis l'eau dans les fossés de la route partout où ils se sont trouvés de niveau avec la conduite. Dans les parties qui ne se trouvaient pas de niveau, comme les remblais, nous avons établi sur le talus de la route des viaducs d'une hauteur de 12 à 15 mètres sur une longueur de 140 mètres.

Il y avait sur la rive droite 25 hectares de terrains irrigable. Ces terrains offraient des difficultés de tout genre ; leur situation nord-est leur était défavorable, et, à l'exception de 3 hectares 35 centiares de terre et de quelques mauvais pacages, tout se trouvait en bruyères.

Nous avons commencé à mettre en prairies 3 hectares 35 centiares de terre et 7 hectares de bruyères, qui se trouvaient dans la réserve. Ces 10 hectares 35 centiares de prairies sont aujourd'hui en bon rapport. Il restait encore, dans la réserve, 5 hectares de bruyères qui sont cultivés depuis plusieurs années, et qui pourront être mis en prairies dans deux ans.

Les 10 hectares qui restent sur la rive droite appartiennent au domaine de Saint-Jean ; ils ont été défrichés et sont aujourd'hui en culture. Dans quelques années, ils pourront être réunis aux autres prairies, et alors notre opération sera complète. Cette conduite d'eau, qui est d'une longueur de 3 kilomètres, est remarquable par son travail et la bonne direction qui lui a été donnée.

De nombreux aqueducs faits sur la route impériale, de distance en distance, permettent à l'eau d'arroser les différentes parties du terrain situé au-dessous de la route. Enfin, un bon système de rigoles permet de diviser les eaux sur ces pentes rendues à la production, et de les submerger au besoin.

Les prairies ainsi traitées changèrent complètement de nature et donnèrent des résultats surprenants ; les fourrages devinrent de bonne qualité et furent très abondants.

Les conséquences se manifestèrent rapidement ; il fallut augmenter le bétail et construire de nouveaux bâtiments pour loger les récoltes et les bêtes. La première période des améliorations était accomplie et nous permettait de reporter nos soins à la culture des terres. Nous avions en abondance du fourrage, du bétail et de l'engrais, trois choses indispensables pour une bonne culture.

Les terres étaient en partie en friche et n'avaient jamais pu donner aux fermiers des récoltes passables de seigle; les unes étaient trop humides, les autres trop sèches, trop compactes ou trop légères, et toutes manquaient de l'élément calcaire.

Les terres humides furent drainées, les ronces, les broussailles, les arbres qui les envahissaient furent arrachés, et une culture nouvelle fut établie partout.

Au moyen d'une forte charrue Dombale les terres furent défoncées à 0^m, 35 cent. de profondeur et disposées en planches ou lèses régulières. Les labours à billons ou sillons furent abandonnées, car ils étaient trop superficiels et trop inégaux pour envelopper des fumures copieuses. Progressivement toutes les terres furent chaulées et fortement fumées. La chaux vint agir sur les éléments organiques du sol et en faciliter la décomposition, elle l'ameublit et le délivra de son excès d'humidité; enfin elle le rendit moins susceptible à se durcir sous l'influence des chaleurs, et par conséquent plus apte à être soumis à l'action de la charrue à l'époque des labours.

Nous renonçâmes complétement au système des friches et des jachères, système aussi faux en physiologie végétale que funeste en économie rurale.

Un assolement rationnel fut établi sur toutes les terres, et dès lors nous pûmes faire une agriculture améliorante et progressive. Nous choisîmes un assolement quinquennal d'après la rotation suivante : première année, turneps, betteraves, carottes, raves, pommes de terre et topinambours; deuxième année, céréales de printemps; troisième et quatrième année, trèfle, ray-gras et luzerne; cinquième année, céréales d'hiver.

Notre intention en établissant la réserve, étant de donner à nos colons un modèle et un exemple, nous ne pouvions employer, dans ces conditions, pour atteindre notre but, que les moyens qui se trouvaient à leur portée. Aussi fallut-il nous interdire l'achat des fourrages et des engrais, dépense ruineuse en agriculture, mais à l'aide de laquelle on obtient toujours de rapides résultats.

La fabrication et la composition des engrais de ferme devint l'objet de notre étude et de tous nos soins; persuadés que les fumiers devaient être le nerf, l'âme, la vie de notre agriculture, et que sans un engrais puissant et abondant nos travaux seraient stériles.

Dans la pensée que le succès de notre exploitation était en grande partie subordonné à la manière de recueillir, traiter employer les fumiers, nos efforts furent appliqués à faire non-seulement beaucoup d'engrais, mais encore des engrais énergiques et surtout économiques : conditions essentielles en agriculture raisonnée. Pour en augmenter la quantité, nous eûmes recours aux mélanges de nos fumiers avec composts de chaux, de tourbe, de cendre de houille, de raclures de fossés, de boue de route ou de chemin, et enfin de débris de matières végétales.

Malgré la grande quantité de paille qui se récoltait dans l'exploitation, les litières ne tardèrent pas à devenir insuffisantes, le bétail avait considérablement augmenté, et, par suite d'une nourriture abondante, il produisait beaucoup de fumier.

Acheter de la paille, il n'y fallait pas songer, car elle valait 5 francs les 100 kilos, prix beaucoup trop élevé pour faire de l'engrais. D'autant que nous avions remarqué que la paille était une matière végétale fournissant peu de substances propres à la fertilisation ; sa décomposition est peu sensible et cède peu d'éléments assimilables à l'action des organes nutritifs des plantes. Comme tous les végétaux elle renferme, quoique en faible proportion, de l'azote et du carbone utile à la végétation et à la formation des plantes ; mais il arrive presque toujours que ces éléments sont très amoindris par l'action funeste produite sur le tas de fumier par les pluies, l'air, la chaleur, le soleil et les courants d'air.

Lorsque les fumiers de paille sont soumis à la fermentation et au lavage, l'humidité se dégage sous forme de vapeurs, et l'azote des substances animales et végétales s'exhale à l'état gazeux pour se perdre ensuite dans l'atmosphère. Enfin les eaux entraînent avec elles les parties animales et salines qui se trouvent mêlées à la litière, et ne laissent plus qu'un engrais végétal plus ou moins dépourvu de principes fertilisants.

Ainsi, de toute la paille qui composait l'engrais, il ne reste plus qu'un résidu pauvre en azote ; mais souvent abondant en matières ligneuses ; substances qui, réduites à elles-mêmes, ne donnent pendant leur décomposition ultérieure que des détritus et des produits privés d'azote, de quelque utilité, il est vrai, à la nutrition végétale, mais bien loin d'être en rapport au prix de revient.

Faire une partie de nos engrais sans paille, telle fut notre préoccupation. A l'exemple de quelques agriculteurs de l'Angleterre, nous fîmes planchéier plusieurs de nos étables; des fosses pratiquées à l'extrémité des planchers reçurent les déjections liquides des animaux, et dans ces fosses furent répandus des feuilles d'arbres, des fougères, des genêts, des ajoncs verts, des cendres de houille, des raclures de fossé et tout espèces de débris végétaux.

Pendant la belle saison, les détritus et la poussière produits par la route, des terres et des tourbes sèches, furent ramassées et mises à couvert sous des hangars. Ces matières terreuses servent à la litière des animaux. On répand la terre sur les planches, et lorsqu'elle est imprégnée des déjections des animaux, elle vient grossir le tas de fumier dans la fosse. Toutes ces matières sèches et avides d'humidité absorbent rapidement les urines des bestiaux et forment un fumier dur et compacte. Il suffit, matin et soir, de faire couler dans la fosse les matières au moyen d'un racloir ; cette opération se fait rapidement et n'emploie pas plus de dix minutes par étable.

Jamais nous n'avons remarqué que les bêtes couchées sur les planchers aient donné moins de résultats que les autres. Au contraire, tout en prospérant comme celles qui reposent sur la paille, elles sont plus à leur aise, et moins froidement que plongés, comme il arrive trop souvent, dans leurs excréments jusqu'aux jarrets, le cuir irrité par ces principes âcres, ne pouvant se coucher sans y entrer le ventre jusqu'aux flancs, et conservant, collée à leurs membres, une couche durcie de ces matières, épaisse de plus de deux centimètres, et sur laquelle l'étrille ne peut rien ou aurait trop à faire.

Les animaux reposant sur des planchers sont toujours d'une propreté remarquable et moins sujets aux épidémies.

Tous les deux ou trois jours les fosses sont nettoyées, et les matières répandues sur le tas de fumier de paille provenant des autres étables. Ces couches successives de fumier terreux eurent l'avantage d'absorber tout le purin qui se produisait, et ce fumier, par suite de sa composition compacte, retint tous les gaz fertilisants qui s'exhalent ordinairement dans l'atmosphère, enfin il préserva le tas de fumier de l'action funeste du soleil et des pluies, qui ne purent pénétrer son épaisseur. — Nos fumiers, ainsi traités, ne tardèrent pas à doubler en quantité et à tripler en qualité, et, à partir de ce moment, une prospérité nouvelle se fit remarquer dans la ferme.

Indépendamment de notre exploitation agricole, nous dirigeons encore une fabrique de papier d'emballage, dans laquelle nous employons d'assez grandes quantités de paille. Ces deux établissements sont entièrement distincts et n'ont aucun rapport entre eux, et je dois dire ici, afin d'éviter toutes espèces de fausses suppositions, que depuis que l'usine existe, jamais une botte de paille de nos domaines ou de notre réserve n'est entrée dans la fabrique de papier. Non-seulement l'usine ne reçoit pas de paille de nos exploitations, mais encore elle est souvent mise à contribution par les domaines, et surtout par la réserve.

Tous nos battagés se faisant à la machine, les domaines et la réserve prennent à l'usine toute la paille qui leur est nécessaire pour faire les liens des gerbes. Du reste il serait impossible à la réserve de fournir de la paille à l'usine, puisque nous ne pouvons employer que de la paille de seigle pour faire du papier, et que depuis six ans il ne s'est pas récolté une botte de seigle dans la réserve : cette culture ayant été remplacée par celle du froment. Si nous avions employé nos pailles dans la fabrique à papier, cet établissement aurait pu être nuisible à notre agriculture. Bien au contraire, l'usine nous est d'un grand secours pour la formation de nos fumiers et de nos composts. Nous faisons conduire annuellement dans notre exploitation près de deux cents voitures de déchets provenant de la fabrique de papier. Ces déchets se composent principalement de chaux et de paille; cette chaux a servi au lessivage des pailles et ne peut plus être employée pour cette industrie, il serait aussi très difficile d'extraire la paille qui s'y trouve mélangée.

Ces déchets introduisent dans la composition de notre sol des quantités assez notables de paille et de chaux.

Nos deux grands bâtiments d'exploitation renferment huit écuries de bêtes à cornes, dont trois écuries de seize bêtes chaque, et cinq écuries de huit bêtes. Sur ces huit écuries, trois seulement sont planchéiées : une de seize bêtes et deux de huit bêtes, total trente-deux bêtes qui couchent sur les planches et qui font du fumier avec de la terre et des matières végétales autres que la paille. Ces fumiers sont destinés à être mélangés avec les fumiers pailleux faits par les quarante-six bêtes qui reposent sur la paille.

Il est facile de comprendre, pour quiconque s'est occupé de l'élevage de la race bovine et a employé le système de la stabulation, qu'il est impossible de tenir convenablement couchés toute l'année cent cinquante moutons en moyenne, vingt porcs et quarante-six bêtes à cornes, toujours à l'étable et fortement nourries, avec le seul produit de paille de la sole de 11 hectares 30 centiares de céréales, comprise dans l'assolement de la réserve. Aussi, malgré les trente-deux bêtes qui n'emploient pas de paille pour leurs litières, sommes-nous obligés d'acheter fréquemment de la paille et d'employer des quantités considérables de fougères et d'ajoncs pris sur les montagnes que nous sommes en voie de reboiser.

En faisant planchéier quelques-unes de nos étables et en employant dans ces étables la terre sèche et tout autres matières végétales que la paille pour faire litière aux animaux, nous n'avions pas l'intention de supprimer les fumiers de paille ; mais bien de diminuer les achats de paille pour litière, opération mauvaise à nos yeux toutes les fois que la paille vaut 5 fr. les 100 kilos.

L'opinion que nous émettons sur les fumiers de paille est peut-être personnelle ; mais cependant nous l'avons vu partagée par un grand nombre d'agriculteurs. Nous ne voulons pas dire que les fumiers de paille soient mauvais, nous pensons seulement que lorsque ces fumiers sont mal traités et soumis aux influences de la température, ils perdent considérablement de leur valeur ; tandis qu'au moyen de notre système, nous atteignons un double but : économie d'abord, et ensuite un fumier meilleur et plus abondant. Jusqu'à présent nous avons toujours été satisfait de nos mélanges de fumier pailleux et fumier terreux ; ainsi que je l'ai dit plus haut, ces couches superposées mettent le tas de fumier à l'abri des éléments nuisibles de l'atmosphère.

Dans un pays pauvre comme la Creuse, tout le monde ne peut pas avoir des hangars pour abriter les fumiers, et encore les hangars sont gênants et ne préservent qu'incomplétement le tas de fumier qui ne se trouve pas à l'abri de l'évaporisation atmosphérique.

Les anciennes terres et les bruyères défrichées devinrent assez fertiles pour qu'on pût remplacer complétement la culture des seigles et des sarrasins par celle des froments, des trèfles et des raygras. Les navets, les carottes et les betteraves cultivés sur de grandes étendues, atteignirent des dimensions remarquables ; enfin nous en arrivâmes à la culture des luzernes.

La réserve se trouve actuellement composée de la manière suivante :

1° Terres soumises à notre assolement quinquennal	28 h.	07 a.	21 c.
2° Prairies naturelles, fournissant des fourrages secs et des regains mangés en vert par les moutons et les animaux de la race bovine, ci..............	23	14	83
3° Bâtiments, cours, jardins, parcs, bois, avenues et chemins..................................	5	49	40
Etendue totale de la réserve.........	56 h.	71 a.	44 c.

L'assolement des terres se compose de :

1° Céréales d'hiver et de printemps : froment 7 hectares, avoine 4 hectares 30 ares, total.......	11 h. 30 a. »
2° Prairies artificielles, composées de trèfle, luzerne, ray-gras et autres plantes fourragères telles que : maïs, sarrasin, etc., destinées à varier la nourriture des animaux et à suppléer aux trèfles et luzernes, lorsque ces plantes ne réussissent pas (en 1867, par exemple, plusieurs de nos semis de trèfle ont été dévorés par les limaçons), ci......................	11 h. 30 a. »
3° Racines, telles que : topinambours, pommes de terre, betteraves, carottes, raves et rutabagas, ci..	5 h. 47 a. 21 c.
Etendue des terres..................	28 h. 07 a. 21 c.

A la sole des racines, il faut ajouter 4 hectares de raves semées immédiatement après la levée des céréales d'hiver; cette récolte dérobée augmente notre sole de racine de 4 hectares, et la porte à 9 hectares 47 ares. Nous semons également des trèfles incarnats sur les pailles qui nous restent ; ces trèfles sont destinés à être mangés au printemps ou enfouis avant les semis de racines.

La sole de racine a été chaulée à raison de 5,000 k. à l'hectare, et reçoit à chaque rotation une fumure de 80,000 k. à l'hectare.

Notre méthode culturale, intensive et productive, était consacrée, elle nous permettait d'adopter le système de la stabulation. Toutes les bêtes de la race bovine furent encrèchées et nourries à l'étable ; les pacages, bonifiés et améliorés, furent convertis en prairies.

Les fourrages des prairies naturelles furent destinés à l'alimentation du bétail pendant l'hiver avec le puissant auxiliaire des racines fourragères, telles que les raves, les navets, les carottes, les betteraves, les topinambours et les pommes de terre. Les prairies artificielles fournirent la principale nourriture des animaux pendant le printemps et l'été ; ces fourrages se composaient, suivant la saison : de maïs, de ray-gras, de trèfle et de luzerne mangés en vert.

Le système de la stabulation vint encore augmenter considérablement la production de nos fumiers, car nos bestiaux furent bien nourris et le nombre en augmenta progressivement.

Nous avions treize bêtes à cornes quand nous commençâmes, et aujourd'hui nous en comptons soixante-dix-huit sur une étendue de 51 hectares en culture, c'est-à-dire plus d'une bête et demie à 1 hectare, et nous sommes fondés à espérer l'accroissement successif de notre cheptel.

Nos étables sont meublées de différentes races bovines prises parmi les espèces rustiques ou laitières. Tout le service de l'exploitation s'opérant au moyen de vaches, nous avons donné à cet effet la préférence à l'espèce du pays ou race Limousine, qui, par ses formes rustique et sa constitution robuste, nous parut la plus apte au travail ; parmi les espèces laitières, nous avons fait choix des races Partenaises et Cotentines, comme étant les plus propres à donner du lait, enfin à ces catégories, nous avons ajouté quelques Durhams.

L'espèce bovine fait le travail de l'exploitation, produit du lait, des élèves vendus dans le pays, et fournit des bêtes grasses à la boucherie. La bergerie se compose de moutons du pays, et la porcherie de porcs anglais.

Le cheptel actuel de la réserve, se compose de :

1° Bœufs de travail ou à l'engrais (race Limousine), ci 12 bêtes.

2° Vingt vaches de travail (race Limousine), dix vaches laitières (race étrangère), ci........................ 30

3° Taureaux, veaux ou velles (race Limousine, Cotentine et Durham)................................ 36

Total..................... 78 bêtes.

4° Moutons, ci.................................... 70
(à l'époque des regains notre troupeau de moutons est de 200).

5° 1 Verrat, 6 truies, 16 porcs ou porcelets............ 23

6° Volailles....................................... 120

Les anciens bâtiments d'exploitation, ne pouvant loger les fourrages, les récoltes et les animaux, ont été remplacés par des bâtiments huit ou dix fois plus vastes. Tous ces bâtiments sont construits sans luxe, mais rien n'a été négligé pour la commodité du service, l'aération des étables et le bien-être des animaux. Dans toutes les granges, de nombreux robinets d'eau servent à abreuver les animaux qui sont à l'engrais ou qu'on tient à l'étable, enfin des crèches cimentées permettent de faire baqueter les animaux destinés à la boucherie. L'étendue des granges et greniers à foin permet aussi de loger de grandes provisions de récoltes et de fourrages.

Il était essentiel de doter l'exploitation des machines perfectionnées de l'agriculture, afin de suppléer aux ouvriers agricoles si rares dans notre arrondissement : c'est ainsi que successivement nous introduisîmes les machines à battre, les tarares perfectionnés, les hache-foin, les coupe-racines, les chaudières à vapeur pour cuire les tubercules, les extirpateurs, les houes à cheval, les semoirs Bodin, les butoirs, les arrache pommes de terre, les faux à moissonner, les rouleaux, les herses, les charrues de différents modèles, etc.

La culture des terres ne nous fit pas oublier les montagnes que nous avions à l'extrémité de la propriété ; ces montagnes ne pouvaient être mises en culture par suite de leur éloignement, de leur sol accidenté et mauvais, et du climat froid sous lequel elles sont situées.

Le reboisement était le seul parti à tirer de ces montagnes ; aussi tous les ans une forte charrue Dombale fut employée à défricher deux ou trois hectares de bruyères, ensemencées en bois de diverses essences après deux récoltes successives d'avoine fumée avec du noir animal ou du phosphate.

Nous avons adopté les défrichements à la charrue de préférence à l'écobuage, généralement pratiqué dans le pays ; ce dernier mode est plus coûteux, prépare bien moins le sol et a l'inconvénient d'épuiser la terre, qui se refuse de produire après la première récolte. C'est par les défrichements à la charrue que nous avons boisé ou mis en voie de reboisement 16 hectares de montagnes ; tous ces reboisements ont été uniquement opérés par la réserve sans le concours des métayers.

Il existe dans l'ensemble de l'exploitation l'ordre le plus complet. Tout est fixé et réglé d'avance, le régime, l'alimentation du bétail, le travail des hommes et des bêtes, l'assolement et la culture générale de l'exploitation.

Le dimanche est destiné au repos, et les six jours de la semaine sont des jours de labeur.

Un employé spécial est préposé à la surveillance des ouvriers et des travaux agricoles ; chaque matin, il sonne la cloche pour appeler tout le personnel de l'exploitation au travail ; il suit les travailleurs dans les champs, les guide dans l'accomplissement de leur tâche, et la cloche vient encore deux fois par jour déterminer le temps qu'ils doivent prendre pour leurs repas du matin et du soir.

Il est facile de constater dans la tenue des livres, et la comptabilité de l'exploitation, l'ordre et la régularité que l'on remarque dans l'ensemble de la ferme. Toutes les opérations de la journée sont inscrites sur un journal, puis reportées de ce journal sur les différents livres nécessaires à la comptabilité.

Les ouvriers et les domestiques ont un registre spécial où tout est mentionné avec la plus grande exactitude. Les terres et les prés ont aussi leur livre et leur compte particulier, sur lequel sont inscrits leurs produits et les travaux qui y sont exécutés. Enfin les bêtes à l'étable ont un numéro qui indique leur place et leur compte sur le grand-livre spécialement destiné aux animaux ; à l'article concernant chaque animal on établit son âge, l'époque de sa naissance, sa provenance, son prix d'achat, s'il a été acheté, enfin ses qualités ou ses défauts.

Le personnel de l'exploitation se compose de :

1° Un employé principal, préposé à la surveillance et à la direction des travaux ;

2° Deux employés à l'année, occupés du pansement des animaux, dont la moyenne du salaire est de 300 fr. par an, plus la nourriture évaluée à 75 c. par jour ;

3° Trois femmes occupées au pansement des porcs et à la garde des animaux, dont la moyenne du salaire est de 100 fr. par an, plus 75 c. de nourriture par jour ;

4° Ouvriers à la journée, occupés aux labours, aux terrassements, à la conduite des animaux et à tout le travail en général de l'exploitation ; le prix de leurs journées, pour toute l'année, est de 1 fr. 75 c., sans nourriture ;

5° Femmes à la journée qui donnent les sarclages aux racines, aident à récolter les blés et les foins. La moyenne de la journée, pour toute l'année, est de 90 c. par jour, sans nourriture.

Ainsi que nous l'avions supposé, l'agriculture de la réserve ne tarda pas à être imitée et suivie par les colons de la propriété.

Ils avaient sous leurs yeux l'application des principes et des méthodes que nous leur avions enseignés, ils ne tardèrent pas à être convaincus. Ils mirent de côté les préjugés et la routine, et, de leur propre mouvement, ils entrèrent résolument dans la voie du progrès.

Ils commencèrent leurs opérations de la même façon que dans la réserve, et, ainsi que je l'ai décrit plus haut, ils améliorèrent leurs prairies naturelles, en créèrent de nouvelles, transformèrent des pacages en prairies, et ensuite commencèrent la culture améliorante des terres. Les friches et les jachères ont presque entièrement disparu dans les domaines ; le seigle a été remplacé, dans un grand nombre de terres, par le froment et l'avoine ; les plantes fourragères sont cultivées avec avantage, les bestiaux sont mieux nourris et le nombre en a doublé partout.

Si les résultats obtenus dans les domaines sont moins grands et moins remarquables que dans la réserve, ils offrent néanmoins un ensemble très beau et très méritoire. Il faut remarquer que les domaines sont en retard sur la réserve de plusieurs années, et que les résultats sont obtenus par des colons ignorants, superstitieux, routiniers, craintifs et surtout sans aucune ressource pécuniaire, et dans l'impossibilité de faire face aux dépenses et aux avances, toujours indispensables, dans une culture intensive.

Je dois aussi signaler que lorsque nous commençâmes nos travaux agricoles, la culture du froment, des plantes sarclées et des plantes fourragères était complétement inconnue dans le pays, et aujourd'hui, grâce à notre exemple, nous avons la satisfaction de constater que l'on commence autour de nous à cultiver le froment, l'avoine, le trèfle, les topinambours et même les betteraves. Chaque jour les petits cultivateurs viennent visiter notre agriculture, ils nous demandent de l'avoine et du froment de semence, des graines de plantes fourragères et de plantes sarclées, et enfin les différentes méthodes nécessaires pour la culture de toutes ces plantes ; nous nous sommes toujours fait un plaisir de les satisfaire et de leur être utile.

Pour mieux vous faire juger et apprécier les succès obtenus dans la réserve et les domaines, j'établis ci-contre un tableau comparatif de la moyenne des produits entre les années 1858 et 1868.

TABLEAU COMPARATIF DES
DE LA PROPRIÉ
de l'année 1858

Réserve de Rigour.

Nature de la Propriété.	1858. Contenances.	1858. Cultures et produits.	1868. Contenances.	1868. Cultures et produits.
Prairies naturelles.	8 h. 19 a. 57 c	Donnant 35 charretées de foin à 700 kil. chaque, soit 24,500 kil. de foin.	23 h. 14 a. 83 c.	Donnant 214 charretées de foin de 900 kil. chaque, soit 192,600 kil- de foin.
Pacages.	5 h. 18 a. 40 c.	Destinés au parcours des animaux.	1 h. 59 a. 11 c.	L'excédant du tableau ci-contre a été converti en prairies naturelles.
Terres.	17 h. 02 a. 79 c.	Produisant 80 hectolitres de seigle ou de sarrasin, 12,000 k. de raves ou de pommes de terre.	26 h. 48 a. 10 c.	Produisant 280 hectolitres de froment ou d'avoine; 200,000 kilog. de racines, telles que : betteraves, carottes, rutabagas, raves, pommes de terre et topinambours; 700 charretées de fourrages verts, tels que: maïs, trèfles, ray-gras et luzerne.
Bruyères.	15 h. 41 a. » c.	Improductives.	» » »	Converti les bruyères du tableau ci-contre en terre et prairies naturelles.
Bois et chataigneraies.	9 h. 29 a. 78 c.	....	2 h. 35 a. 20 c.	Converti l'excédant du tableau ci-contre en terres et prairies naturelles.
Batiments et jardins.	1 h. 59 a. 90 c.	Contenant 13 bêtes à cornes, des brebis et des porcs; cheptel d'une val. de 3,261 fr.	3 h. 14 a. 20 c.	Contenant 78 bêtes à cornes, des moutons et des porcs ; cheptel, mort ou vif, d'une valeur de 30,000 fr.
Contenances totales....	56 h. 71 a. 44 c.	....	56 h. 71 a. 44 c.	

CULTURES ET DES PRODUITS ·

TÉ DE RIGOUR,

à l'année 1868.

Domaines de Saint-Jean-du-Haut, de Saint-Jean-du-Bas, de Mastafille et de la Voie-Dieu.

1858.			1868.	
Nature de la Propriété	Contenances.	Cultures et Produits.	Contenances.	Cultures et Produits.
PRAIRIES NATURELLES.	19 h. 68 a. 41 c.	Produisant 110 charretées de foin de 600 kil. chaque, soit 66,000 kil. de foin.	35 h. 22 a. 23 c.	Produisant 225 charretées de foin de 700 kil. chaque, soit 157. 500 kil. de foin.
PACAGES.......	16 h. 69 a. 20 c.	Destinés au parcours des animaux.	14 h. 40 a. 77 c.	Destinés au parcours des animaux.
TERRES........	64 h. 23 a. 50 c.	Produisant 350 hectolit. de seigle ou de sarrasin; 48,000 kilog. de raves ou de pommes de terre.	76 h. 56 a. 21 c.	Produisant 430 hectolitres de seigle ou de sarrasin, 180 hectolitres de froment ou d'avoine; 180,000 kil. de racines, telles que: betteraves, raves et pommes de terre; 600 charretées de fourrages verts, tels que trèfle et ray-gras.
BRUYÈRES	23 h. 58 a. 10 c.	Improductives.	» » »	Converti les bruyères du tableau ci-contre en terres ou prairies naturelles.
BOIS ET CHATAIGNERAIES.	17 h. 36 a. 08 c.	....	15 h. 36 a. 08 c.	Converti l'excédant du tableau ci-contre en terres.
BATIMENTS ET JARDINS.	1 h. 29 a. 17 c.	Contenant 50 bêtes à cornes, des brebis et des porcs: cheptel d'une valeur de 11,207 fr.	1 h. 29 a. 17 c.	Contenant 100 bêtes à cornes, des brebis et des porcs; cheptel, mort ou vif, d'une valeur de 30,000 fr.
Contenances totales....	142 h. 84 a. 46 c.	....	142 h. 84 a. 46 c.	

Je vous prie, Messieurs, de remarquer que nous avons agi dans un pays d'émigration, sous un climat froid, et dans une des régions de la Creuse où le sol est le plus mauvais et le plus stérile.

Dans le cours de nos travaux, nous ne nous sommes jamais écartés de la base que nous nous étions proposée dans le principe ; c'est-à-dire, faire de l'agriculture améliorante, productive et pratique, pouvant servir d'exemple et être imitée par nos métayers.

En effet, pour atteindre notre résultat, nous n'avons employé que des moyens ordinaires, à la portée de tout le monde.

Tous les propriétaires, les fermiers, les métayers et les petits cultivateurs, si nombreux dans notre département, peuvent imiter notre agriculture et obtenir à leur tour d'excellents avantages. Nous n'avons pas à l'exemple de certains propriétaires, accaparé tous les engrais et les fourrages d'une contrée, suivi les concours régionaux pour y acheter, à frais énormes, les plus belles bêtes et en meubler nos étables. Cette manière onéreuse de faire de l'agriculture, nous aurait offert une charmante distraction ; en peu de temps nous aurions pu opérer sur la propriété une métamorphose magique, et obtenir des résultats surprenants ; mais nous avons compris que cette méthode était réservée aux personnes favorisées d'une immense fortune.

Si nous avions fait de l'agriculture onéreuse, et d'une pratique impossible dans un pays pauvre et morcelé comme la Creuse, nous n'aurions pas atteint le but que nous avions en vue, et je ne viendrais pas aujourd'hui vous demander une récompense ; car je sais qu'il n'entre pas dans l'intention de l'Empereur et du ministre, de récompenser l'agriculture faite au moyen de grandes dépenses, mais bien « *l'exploitation qui sera la mieux dirigée, et qui aura réalisé » les améliorations les plus utiles et les plus propres à être offertes » en exemples. C'est-à-dire une culture parfaitement dirigée, en » rapport parfait avec les circonstances locales où elle se trouve » placée, bien réglée dans ses dépenses et productive dans ses ré- » sultats.* »

Il sera facile à la Commission de se convaincre que l'exploitation de Rigour possède toutes les conditions exigées par M. le ministre de l'agriculture.

Le moyen le plus sûr d'apprécier le mérite d'une entreprise, est d'en constater les résultats ; pour juger de la transformation que nous avons opérée sur le domaine de Rigour, il faut le prendre au commencement de notre entreprise, en 1858, et le comparer au domaine de 1868.

Partout nous avons utilisé les eaux dont nous pouvions disposer, nous avons drainé, fumé et amélioré les prairies naturelles. Nous avons inauguré dans le pays les prairies artificielles, les cultures des plantes sarclées, du froment et de l'avoine.

N'avons-nous pas partout mis les bruyères en culture, boisé les montagnes, amélioré la race bovine et introduit dans le pays les races étrangères les plus recommandées, enfin remplacé, autant que possible, la main-d'œuvre par les machines agricoles?

Le jury pourra voir, d'après les résultats que nous avons obtenus, que la voie dans laquelle nous sommes entrés était bonne, appropriée au sol, au climat, et à toutes les circonstances locales.

Il est cependant nécessaire que je donne quelques explications sur les résultats financiers de l'entreprise :

En 1856, nous devînmes acquéreurs de la propriété de Rigour moyennant la somme de 200,000 fr. (acte passé devant Me Lamy, notaire à Ceyroux); sur cette somme la maison d'habitation était comprise pour 15,000 fr. et le moulin 10,000 fr., il restait 175,000 fr. à diviser entre les cinq domaines qui étaient d'égale valeur et d'un fermage à peu près le même; chaque domaine coûtait donc 35,000 fr.

Le domaine de Rigour, qui fut mis en réserve, revenait à 35,000 fr. et était affermé 800 fr. par an ; voici donc notre point de départ parfaitement établi, voyons maintenant la situation actuelle :

Dans des partages de famille, en date de 1866, la réserve, son cheptel vivant et mort, ainsi que la maison d'habitation, ont été estimés par des experts à la somme de 138,000 fr. ; de cette somme il faut déduire la maison d'habitation qui n'a pas changé depuis l'achat de la propriété, soit 15,000 fr., et 35,000 fr., prix d'achat, donnent 50,000 fr. à déduire de 138,000 fr., reste 88,000 fr. Depuis l'estimation des experts, le cheptel mort et vivant de la réserve s'est accru, d'après inventaire, de 12,687 fr. qu'il faut ajouter au 88,000 fr. ci-dessus, ce qui nous donne une plus-value de 100,687 fr.

Sur cette somme, nous devons déduire le capital engagé pour constructions de bâtiment, travaux d'améliorations, drainages, terrassements, etc., etc., savoir 33,600 fr., reste 67,087 fr. de bénéfices nets sur 56 hectares en 10 ans, ou 1,197 fr, 90 c. par hectare.

Je désire, Messieurs, que ce mémoire, quoique incomplet dans ses détails, puisse simplifier et faciliter votre tâche.

Rigour, le 20 mars 1868.

ANATOLE DELAGE.

Limoges, Imp. veuve H. Ducourtieux, rue des Arènes, 7.

www.ingramcontent.com/pod-product-compliance
Ingram Content Group UK Ltd.
Pitfield, Milton Keynes, MK11 3LW, UK
UKHW021038260726
13994UKWH00005B/2233